AF261779

SOUVENIRS

D'UN VOYAGE

DANS

L'ISTHME DE SUEZ

ET AU CAIRE

IMPRIMERIE GÉNÉRALE DE CH. LAHURE
Rue de Fleurus, 9, à Paris

SOUVENIRS

D'UN VOYAGE

DANS

L'ISTHME DE SUEZ

ET AU CAIRE

PAR

M. C. E. DAVID

ANCIEN MINISTRE PLÉNIPOTENTIAIRE

PARIS

AMYOT, ÉDITEUR, 8, RUE DE LA PAIX

M DCCC LXV

SOUVENIRS

D'UN VOYAGE

DANS L'ISTHME DE SUEZ

ET AU CAIRE.

———

I

**Traversée de Marseille à Messine par les bouches
de Bonifacio, et de Messine en Égypte.**

Partis de Marseille, le 29 novembre 1864, avec les der-
nières rafales d'un coup de mistral, vent impétueux de
N. O. qui bouleverse, mais assénit en même temps la
Provence, nous fûmes emportés rapidement vers la Corse,
berceau du plus grand capitaine des temps modernes, qui
fut tout à la fois, la pensée armée et éminemment orga-
nisatrice du dix-neuvième siècle!...

1

Bientôt nous franchîmes les Bouches-de-Bonifacio, où l'on ne voit et ne vous montre aujourd'hui qu'un îlot abrupte, portant sur ses flancs déchirés une petite maison blanche à terrasse, où vit retiré, mais toujours menaçant, le chef de partisans le plus hardi, le plus convaincu, peut-être, qu'ait suscité à notre époque l'esprit révolutionnaire, qui partout gronde et circule au sein des masses, quoi qu'on fasse pour améliorer leur sort. Où cela nous conduira-t-il? A la régénération rêvée, ou à la dissolution, si redoutée, de la société moderne?... Terrible problème, dont la solution est, heureusement, encore éloignée de nous!

En sortant des Bouches-de-Bonifacio, on longe pendant quelque temps les côtes de la Sardaigne, dominées par de hautes montagnes presque toujours couvertes de sombres nuages, que les vents du sud et du nord déposent successivement sur leurs flèches aiguës, sentinelles pétrifiées entre deux mers, deux climats, si rapprochés, mais si différents. D'un côté, en effet, c'est-à-dire au nord, les flots orageux du golfe de Lion et son vent glacial, le mistral; de l'autre côté, au sud, la mer bleue de Naples et de la Sicile, avec ses brises tièdes et embaumées.... C'est ainsi que, dans la vie, la tristesse et la joie se succèdent presque inopinément, suivant que notre esprit, notre pensée, sont assaillis par de navrants souvenirs, véritables tempêtes intimes qui bouleversent notre existence, ou qu'ils s'abandonnent à ces douces rêveries, qui resplendissent dans notre âme, comme le beau soleil de l'Italie!

Mais voilà le gracieux archipel des îles Lipari, et ce Volcan-nain (Stromboli), qui s'illumine toutes les nuits, comme pour mieux faire les honneurs de ces beaux parages, aux navigateurs qui, le lendemain matin même, voient se déployer sous leurs yeux le ravissant spectacle des côtes de Sicile et du magnifique détroit de Messine. Mais avant de l'admirer, décrivons aussi exactement que possible son entrée, où l'on rencontre tout d'abord deux écueils mythologiques, si souvent célébrés par les poëtes de l'antiquité. La partie la plus étroite du détroit de Messine, qui a tout au plus quatre milles, est entre Charybde et Scylla. Le premier de ces dangers est sur la côte de Sicile, à l'extrémité de la pointe de terre où s'élève le phare ; c'est un banc de sable, semé de quelques écueils sous-marins, enveloppés, en quelque sorte, de rapides courants qui, avec les courants contraires venant de la côte de Calabre, forment de grands remous, ou tourbillons menaçants en apparence, mais dangereux pour les petits navires seulement. De là, sans doute, la terreur inspirée aux anciens, dont les navires gouvernaient si mal, par ces dangers que nos superbes bâtiments à vapeur rangent d'assez près, sans trop s'en préoccuper. Quant au rocher de Scylla, il est couché, on peut le dire, comme un grand chien, au pied des montagnes de la Calabre. Ce rocher a des cavités où, en se précipitant, la mer produit comme les hurlements d'une meute en fureur ; tout a une raison d'être, même dans la fable. Le rocher de Scylla est dominé aujourd'hui par un vieux château, au pied duquel s'étend une assez jolie bourgade. La mer n'est pas dangereuse sur ce point.

Je dirai maintenant qu'il n'y a rien, peut-être, de plus beau au monde que le détroit de Messine, éclairé par un de ces splendides levers de soleil, comme il y en a tant dans ces heureux climats. En effet, à droite en descendant vers l'Afrique, on voit se dessiner, sur un fond d'azur aussi pur que la plus belle turquoise, les sommets si pittoresques, si légèrement découpés de la Sicile; plus bas ses coteaux revêtus d'une si riche végétation; enfin, ses plages parsemées de villages et de jolies maisons blanches, qui paraissent autant de beaux camellias, jonchant un tapis d'émeraudes. En face apparaît, aux regards ravis, la belle ville de Messine, couronnée de châteaux forts, comme les rives du Rhin, et s'élevant majestueusement en amphithéâtre sur le versant d'une montagne, fièrement drapée dans son manteau, tout brodé de fleurs de grenadiers et d'orangers, et balançant gracieusement sur son front élevé ces beaux panaches de pins italiques, dont ont raffolé nos plus grands paysagistes. Ajoutez comme contraste, comme ombre vigoureusement accusée, pour faire ressortir l'éblouissante lumière qui dore ce magnifique panorama, ajoutez-y, dis-je, les sévères et imposantes montagnes de la Calabre, qui commencent au nord par le théâtre (Aspromonte) d'une grande défaite moderne, de la défaite de la démagogie en chemise rouge, s'élançant à la conquête de la ville éternelle, au cri lugubre de.... Rome ou la mort! Ces montagnes s'étendent vers le sud, jusqu'à l'entrée de l'Adriatique. Quant à l'Etna, ce géant des volcans européens, on ne l'aperçoit, dans l'éloignement, que lorsque le temps est bien clair; mais, quoique souvent absent et voilé, il n'en fait pas moins partie de cette grande et belle page de la création.... Un mot encore sur Messine; cette ville a un très-beau quai, au centre duquel se trouve le Sénatorio ou hôtel de ville, remarquable par ses grandes lignes architecturales, et deux voies magistrales qui, dans l'intérieur, courent parallèlement au quai; l'une s'appelle la Strada del Corso, l'autre qui portait naguère le nom de rue de François II, est aujourd'hui la Strada Garibaldi.... Comment cet homme a-t-il pu acquérir un tel prestige, là où il a fait tant de mal et si peu de bien! Car enfin, qu'a-t-il donné à la Sicile? L'indépendance? Non, assurément, puisque les Siciliens se considèrent, à tort ou à raison, comme conquis par les Piémontais. Leur a-t-il donné la liberté? Pas davantage, puisque, un moment en proie à la plus affreuse anarchie, ils sont obligés aujourd'hui de subir les inévitables rigueurs du gouvernement militaire. Toujours est-il que la population de Messine, si indépendante de sa nature, a donné à la principale rue de sa ville *tant aimée* le nom de celui dont les hardis et ruineux coups de main sont, par une fatalité qui préside à toutes les extravagances humaines, le fléau et la ruine de ceux même qu'ils veulent servir.

Cette grande rue traverse la ville dans toute sa longueur; elle est bordée de belles maisons, ornée de deux squares, d'un théâtre sur lequel on remarque un beau groupe en marbre; une grande affluence l'anime dans la journée; mais, dès huit heures du soir, toutes les boutiques sont fermées et l'on ne rencontre presque plus personne.... On dirait alors une vaste nécropole, où se sont endormies successivement des générations, plus ou moins énergiques et intelligentes, qui n'ont plus aujourd'hui que le sentiment de leur impuissance et regrettent un passé sinon meilleur, du moins plus conforme à leurs mœurs, je dirai à leur tempérament.

En contemplant enfin le beau détroit de Messine du haut de la charmante église de San-Grégorio, au clocher si svelte, à l'ornementation intérieure toute de pierres dures de Florence, on se demande avec étonnement ou plutôt avec tristesse (sans appartenir à aucun des partis politiques qui agitent l'Italie) comment, à moins de trahison flagrante, une escadre en observation a pu laisser passer Garibaldi et ses audacieux compagnons d'armes?... A quoi tient aujourd'hui le maintien ou le renversement d'une monarchie! Quelques navires de guerre trahissent leur devoir dans un canal de quelques kilomètres seulement de largeur,... la révolution passe et tout disparaît devant elle!... Pendant que je faisais ces tristes réflexions, notre rapide steamer poursuivait sa route, et nous étions le lendemain par le travers de l'Adriatique, fuyant entre deux tempêtes, qui nous secouèrent rudement, mais ne nous empêchèrent pas d'apercevoir l'ancienne île de Crète, dont la vue réveilla dans notre imagination tous les souvenirs mythologiques qui avaient bercé notre enfance et tant intéressé ensuite notre jeunesse.

Enfin, on nous annonça, le sixième jour de notre traversée, que nous approchions des plages égyptiennes; c'était le terme de notre voyage. Nous nous élançâmes tous sur le pont,... mais notre première impression fut presque un désappointement....

II

**D'Alexandrie à Zagazig. — Le lac Maréotis, le Delta
et le domaine de l'Ouady.**

Les abords d'Alexandrie sont assez tristes : à droite,
on longe une côte sablonneuse ; sur une des dunes les
plus élevées on aperçoit un palais, construit par les
vice-rois, mais qu'ils n'habitent jamais ; c'est de l'ostentation sans aucune utilité. Viennent ensuite d'innombrables moulins à vent, de construction moderne,
appartenant la plupart à un de nos plus entreprenants industriels, M. Darblay ; moulins que le valeureux chevalier
errant de la Manche eût, sans doute, pris pour une armée
de géants, qu'il eût chargée résolûment. Quand la côte
s'abaisse et laisse pénétrer la vue au loin, on aperçoit les
paisibles nappes d'eau du lac Maréotis, couvertes de nombreux bataillons de goëlans, d'ibis et de flamands blancs
et roses. Alexandrie est encore dans les vapeurs de
l'éloignement, mais on voit à gauche, c'est-à-dire à
l'orient, poindre la ville de Rosette et se dessiner la rade
d'Aboukir, souvenir tout à la fois navrant pour notre
marine et glorieux pour notre armée de terre qui, à la fin
du dernier siècle, remporta sur ces plages lointaines une

brillante victoire sur la meilleure cavalerie de l'Orient, les Mameloucks. Enfin, on franchit la passe très-dangereuse d'Alexandrie et on se trouve tout à coup au milieu d'une véritable forêt de mâtures et de cheminées de bâtiments à vapeur, à travers lesquelles on cherche et on distingue à peine la ville, construite qu'elle est sur un terrain très-plat; elle est loin d'avoir l'aspect oriental; à peine deux ou trois minarets insignifiants et quelques dattiers vous rappellent que vous abordez en Égypte. A gauche cependant du port, où l'on a tant de peine à trouver place, est un grand palais du vice-roi, surmonté de quelques coupoles, dans le style mauresque et presque à toucher l'arsenal maritime, où Méhemet-Ali possédait une si belle flotte, mais où l'on ne voit aujourd'hui que quelques transports et deux ou trois frégates désarmées. Tout a bien changé en Égypte depuis la mort du chef de la *trente-cinquième dynastie égyptienne*. Ses successeurs s'effacent tous les jours davantage devant une suzeraineté plus ou moins ombrageuse, qui finira par leur contester toute espèce d'initiative, même dans l'administration intérieure du pays.

Mais, demandera-t-on sans doute, que reste-t-il à Alexandrie de la colonie d'Alexandre et des souvenirs romains? Rien, ou très-peu de chose. En effet l'aiguille, dite de Cléopatre, bel obélisque en granit rose, est bien antérieure à l'époque grecque. Elle a été apportée, sous les derniers Ptolémées, de Thèbes à Alexandrie, avec un autre obélisque, qui est aujourd'hui couché, ou plutôt enseveli sous le sable, à côté de son frère plus heureux, si toutefois c'est un bonheur pour un monument, autrefois sans doute l'ornement de quelque place triomphale ou d'un temple majestueux, d'être encore debout, mais isolé et tout à fait déclassé, au milieu d'ignobles baraques, dont les tristes habitants ne regardent et ne comprennent rien.

Quant à la colonne de Pompée, magnifique monolithe de granit rose aussi, et d'ordre corinthien, elle est vraiment romaine, et s'élève majestueusement sur un des points culminants des faubourgs d'Alexandrie qu'elle domine, ainsi que le grand champ des morts arabes, où l'on célébrait, ce jour-là, la fête, ou plutôt l'éternelle félicité de ceux que Mahomet a appelés dans son paradis, peuplé de tant de houris et de si peu de saintes. Des familles entières étaient campées autour des tombeaux de leurs morts, avec leurs chevaux, leurs dromadaires et d'abondantes provisions ; c'étaient de véritables banquets funéraires, auxquels présidait plutôt la joie que la douleur. La colonne de Pompée n'a pas pu servir de phare, comme l'ont supposé quelques personnes, parce qu'elle est pleine intérieurement et qu'il eût été impossible d'aller, toutes les nuits, allumer un feu sur le faîte de cette colonne. Il est plutôt à supposer, par suite de la découverte récente des fondations de deux grands murs d'enceinte, qu'elle faisait partie du péristyle d'un temple consacré, du temps des Romains, à Jupiter. Quoi qu'il en soit, c'est une des plus belles ruines que nous ait léguées l'antiquité. Une particularité vraiment curieuse, c'est que ce gigantesque monolithe repose sur trois dés de granit, dont les deux premiers sont bien moins larges que la base du monument qu'ils supportent ; c'est, m'a-t-on assuré, un habile calcul de pondération, qu'un ingénieur seulement pourrait expliquer.

Mais entrons un moment plus tôt dans la ville d'Alexandrie, pour perdre toute espèce d'illusion et nous assurer qu'elle n'a nullement, comme je l'ai déjà dit, l'aspect oriental. Ses quais, que l'on reconstruira, dit-on, prochainement, sont dans le plus triste état; la plupart des rues sont mal entretenues, car lorsqu'en hiver il tombe quelque averse à Alexandrie, les nuages de poussière, qui vous suffoquent en été, s'abattent sur le sol et se convertissent en cloaques, souvent infranchissables.

Le quartier qu'on traverse d'abord est plutôt cosmopolite qu'arabe; on y rencontre des chameaux, des ânes, d'abominables charrettes chargées de balles de coton, des calèches mal attelées, lancées à toute vitesse à travers une foule compacte de toutes les nationalités de bas étage; partout on cherche l'Orient rêvé, le véritable Orient, et on ne le rencontre nulle part.... C'est un encombrement bigarré et bruyant, qui fatigue et n'intéresse pas; l'Europe y coudoie partout l'Orient, si l'on accepte comme l'Orient quelques turbans, égarés parmi d'innombrables bonnets grecs, juifs, arméniens, voire même des casquettes de loutre.

Enfin après un quart d'heure de marche, pénible et souvent dangereuse, à travers ces premières rues si encombrées, on arrive, à son grand étonnement, sur la place dite des Consuls, qui ferait l'ornement de nos plus grandes villes. Mais ce n'est pas là, se dit-on, tout en l'admirant, ce que j'étais venu chercher en Orient! — Cette place est d'ailleurs un grand carré long, tout entouré de beaux hôtels consulaires, et de maisons de riches négociants européens; quatre rangées d'arbres forment, au centre, une magnifique avenue; deux bassins, avec leurs jets d'eau, rafraîchissent aux extrémités cette belle promenade; enfin le vaste édifice de la banque égyptienne complète, au fond, la perspective.

Je le répète, c'est une magnifique place, mais une place tout européenne; je n'en voulais pas en Orient! « Patience, me dit-on; vous irez bientôt au Caire, où vous serez largement dédommagé; là vous verrez la ville par excellence des Kalifs, vous serez en plein Orient! »

Le lendemain matin à six heures et demie nous partîmes pour l'isthme de Suez.

Ce qui étonne d'abord le plus, sur l'ancienne terre des Pharaons, c'est qu'on vous parle de chemin de fer; c'est qu'il faille, dans le pays des chameaux et des dromadaires, voyager en wagons, comme de Paris à Versailles.... Pourtant, il fallut bien, malgré notre surprise, je dirai notre désappointement, nous rendre à travers le quartier arabe, fidèle encore à ses anciennes constructions et à ses vieilles coutumes,... *à la gare du chemin de fer* d'Alexandrie! Mais là, au lieu de rencontrer le calme traditionnel de l'Orient, nous fûmes témoins du plus affreux désordre.... Les turbans, les charboucks, les burnous s'agitaient, comme dans un milieu inconnu; tous ces graves musulmans se pressaient sans avancer, couraient, pour ainsi dire, sur place, poussant des exclamations discordantes; c'était un tintamarre à en devenir sourd. Cependant l'heure du départ allait sonner; la machine grondait déjà.... que faire? Il fallut enlever nous-mêmes nos bagages, les empiler dans un wagon et y monter, sans billets, sauf à les payer ensuite.... Enfin, le convoi s'ébranle, plusieurs Turcs s'agitent encore, demandant des explications qu'ils ne comprennent pas.... Nous voilà partis.... Et c'est ainsi que se fait, dans la première ville commerciale de l'Égypte, le service des chemins de fer, qui selon moi y ont paru trop tôt, ou trop tard.... Mais les Anglais en avaient besoin pour leur transit vers les Indes. Ils les ont donc imposés, du jour au lendemain, à l'Égypte, à laquelle ils les ont abandonnés ensuite, moyennant un beau bénéfice; peu leur importait si les Arabes en comprenaient l'importance, et le danger surtout; aussi, si la Providence, plus généreuse et plus humaine que les spéculateurs d'Outre-Manche, ne venait souvent en aide à ces pauvres chauffeurs et mécaniciens improvisés, que d'accidents attristeraient ce genre d'exploitation, si peu connu encore sur les bords du Nil! — On cite des chauffeurs qu'on a trouvés endormis le lendemain matin sur leur locomotive, qui s'était arrêtée tout simplement, au milieu de la voie, faute de combustible; mais si un autre convoi avait paru tout à coup, pendant le sommeil de la machine et de ses insouciants conducteurs.... quelle catastrophe et que d'existences compromises! Le progrès est certainement une grande et belle chose, mais encore faut-il qu'il soit compris, pour être réellement utile, dans des pays surtout depuis si longtemps stationnaires.

Nous fûmes emportés assez rapidement, par notre machine à vapeur, sur la même route où l'on ne rencontrait naguère que de longues caravanes de chameaux, ou quelques groupes pittoresques de Turcs et d'Arabes, montés sur les chevaux les plus légers et les plus intelligents du monde.

Nous avions le lac Maréotis à notre droite, dont les eaux tranquilles contrastent si souvent avec les flots agités de la mer, qu'on aperçoit dans le lointain. Quelques barques de pêcheurs ou de chasseurs arabes, dont les voiles latines, de blanche cotonnade, se confondent souvent avec les ailes, blanches aussi, des pélicans, des ibis et des flamands, peuvent seules naviguer sur ce lac. A notre gauche, s'étendaient, à perte de vue, des plaines couvertes du limon du Nil; c'est là le Delta, terre d'une fertilité à nulle autre pareille, mais d'un assez triste aspect; quelques bouquets de dattiers, de tamarix, et d'acacias-Leba coupent, de distance en distance, l'uniformité de ces vastes terrains d'alluvion. La vallée si vantée du Nil ne commence réellement qu'à quelques lieues au-dessous du Caire, là, où le grand fleuve ne s'est pas encore divisé en deux branches. Nous parcourrons plus tard, avec délices, cette magnifique avenue triomphale de la plus belle capitale de l'Orient. Mais revenons au Delta; dans les environs d'Alexandrie, on y cultive des légumes de toute espèce; viennent ensuite des champs de coton, et toujours des champs de coton, jusqu'à Benah, où nous devions prendre l'embranchement du chemin de fer qui conduit à Zagazig, ville assez commerçante qui se trouve à la limite même du désert.

Puisque j'ai parlé de la culture du coton, on apprendra sans doute avec intérêt que l'Égypte a produit, en 1864, 450 millions de francs de ce précieux textile, et qu'elle compte en produire bien plus encore. Quelle richesse à venir pour ce pays et quelle terrible concurrence pour les malheureux États du sud de l'ancienne union américaine, où tout est à peu près perdu, fors l'honneur! Je le dis à regret, car du sang français coule encore dans les veines de ces braves confédérés, qui soutiennent héroïquement une lutte si inégale avec les Yankees, *Têtes Rondes*, du nord, si âpres au gain et si rudes, si opiniâtres sur le champ de bataille.

Dans tout le parcours d'Alexandrie à Zagazig on ne

rencontre que quelques misérables huttes en terre, ha
bitées par les Fellahs, et trois grandes bourgades, Da
manhour, Tantah et Benah, où presque toutes les constru
tions sont aussi en terre, du plus triste aspect, et serven
généralement d'abri à ces malheureux, qui tour à tour con
quis, reconquis, exploités et opprimés, comme Égyptiens
Coptes ou Fellahs par les Perses, les Macédoniens, les Grecs
les Romains, les Arabes et les Turcs, ont perdu, sinon l
type, du moins toute la dignité d'une race autrefois s
puissante, quoique soumise aussi à un bien dur pouvoir
celui des Pharaons. Qui pourra et voudra jamais réhabi
liter les véritables enfants, les légitimes possesseurs d
la vallée du Nil? Certes ce ne sera pas un vassal de l
Porte, malgré ses timides velléités d'un libéralisme d
convention, ou d'origine étrangère, à l'encontre, bie
entendu, d'une grande œuvre, qui a soulevé bien à tort
une si implacable rivalité.

A peu de distance de Zagazig, sur les bords du cana
d'eau douce, la compagnie de l'Isthme de Suez a acquis
en 1861, pour environ 2 millions, un beau domain
(l'Ouady), qui a 32 kilomètres de long, sur 3 ou 4 d
large; il renferme 9000 hectares de terres, dont 7000 son
cultivables. Ces terres sont affermées à des gens d
pays, Arabes et Fellahs; on en a réuni déjà près d
10 000 dans cette fertile oasis, qui rapporte plus d
10 pour 100 par an. C'est dans le château de Tel-El-Ké
bir, construit par Méhémet-Ali, et qui fait partie de c
riche domaine, que nous passâmes la première nuit e
venant d'Alexandrie.

Une légende arabe rapporte que, sur l'emplacement d
château de Tel-El-Kébir, s'élevait autrefois, une tou
carrée, où avait été commis un grand crime, suivi d'un

grande expiation ! Voici cette terrible légende, telle qu'elle me fut racontée :

« L'an 48 ou 50 de l'hégire, une belle Circassienne était l'orgueil et la joie d'un des membres les plus influents de la famille des Ommiades, le prince Moaviah. Le kalif Hassan réghait alors en Égypte ; il ne craignit pas de violer le harem d'un rival si redoutable et d'enlever la belle Circassienne, qui, fidèle au prince qu'elle aimait elle-même passionnément, repoussa fièrement toutes les offres du kalif et fut ensevelie vivante dans la vieille tour de l'Ouady, dont toutes les fenêtres et les portes furent murées.... Six mois après cet attentat, le kalif Hassan ne régnait plus et il était renfermé lui-même, par son implacable successeur, le prince Moaviah, dans la grande tour, avec le cadavre de sa malheureuse victime ! On ajoute que, pendant neuf ans, il y subit de lentes et cruelles tortures et que, lorsqu'il ne fut plus enfin qu'un squelette vivant, son corps décapité apparut, tout à coup, sur le sommet de la tour, et y resta fixé sur un pieu, jusqu'à ce qu'il tombât en poussière ! »

III

L'isthme de Suez et le grand canal maritime depuis Port-Saïd jusqu'à Suez.

Mais entrons enfin dans le désert.... c'est là que nous allons constater les grands résultats déjà obtenus par l'habile et intrépide fondateur de cette œuvre si remarquable , M. Ferdinand de Lesseps. Sa merveilleuse activité et sa haute intelligence se porten partout où il peut convenir de presser, d'éclairer, d'encourager ceux qui se sont associés avec tant de confiance , d'ardeur et de dévouement *à sa fortune*, c'est-à-dire à cette œuvre éminemment civilisatrice, dont les bienfaits ne se feront plus attendre longtemps et dont l'universelle utilité ne sera bientôt plus contestée, espérons-le, par ceux même qui lui sont hostiles aujourd'hui ; car ce sont eux, sans doute, qui en retireront les plus grands avantages.

En effet, le canal de Suez réunira au profit de tous, deux mers (la Méditerranée et la mer Rouge) séparées jusqu'à présent par plus de trois mille lieues, et ouvrira une large voie, une voie longtemps rêvée, au commerce de l'Occident vers l'extrême Orient. Comme l'a dit trèsingénieusement un de nos grands orateurs, M. Dupin aîné, le cap de Bonne-Espérance ne conservera plus à l'avenir, que le nom de cap *des Tempêtes* et le canal de Suez prendra, à juste titre, celui de canal *de Bonne-Espérance?* Déjà cette œuvre, vraiment humanitaire, est bénie à ses deux extrémités, par les nombreuses caravanes qui depuis Gaza (en Syrie) ne trouvaient plus une goutte d'eau potable jusqu'aux environs du Caire, et par toute une population (celle de Suez), qui de temps immémorial, ne recevait l'eau douce qu'à dos de chameaux, ou par les wagons-citernes du chemin de fer égyptien, dont les employés, encore peu au courant de leur service, oubliaient souvent, dans leur précipitation désordonnée, leurs malheureux frères de bords de la mer Rouge !

L'eau douce, dans le désert, a été reçue aujourd'hui par les Arabes, comme le fut autrefois la manne par les Hébreux.

L'eau à Suez, à Kantara, c'est la vie, le progrès ; aucune culture, aucun développement possible dans les sables brûlants de l'Isthme de Suez, sans ce précieux cristal désaltérant, dont le canal d'eau douce a doté ces solitudes, depuis si longtemps abandonnées du Seigneur, et qui, grâce à ce bienfait de notre intelligent et courageux compatriote, vont être rendues à l'homme actif et industrieux, qui n'hésitera plus à venir les animer et les féconder par sa présence.

Ferdinand de Lesseps pourrait, après cette bonne œuvre accomplie, dire avec raison aux pharisiens de notre époque comme autrefois saint Jean : « Je ne suis ni le Messie, ni le prophète Élie ; mais je suis une voix, dans le désert, chargée de préparer les voies du Seigneur. »

Quant aux travaux du canal maritime, que je viens de

parcourir dans toute leur étendûe, depuis Ismaïlia sur le lac Timsah, jusqu'à Port-Saïd sur la Méditerranée, c'est-à-dire sur un parcours de près de quatre-vingts kilomètres, à travers de formidables amoncellements de sables, d'insondables marais de vase, où l'on a déplacé, pour ainsi parler, l'eau et la terre, creusé des abîmes rendus navigables, soulevé et consolidé des boues séculaires, que parcourent aujourd'hui à toute vitesse de petits bateaux à vapeur et des attelages de chameaux, remorquant de légers esquifs, éclaireurs ailés des grandes flottes pacifiques de l'Occident.... c'est vraiment prodigieux, c'est, comme l'a dit un grand poëte, un spectacle à ravir la pensée ! Qu'on se figure, en effet, cette morne solitude, naguère encore habitée par quelques bêtes sauvages de la pire espèce, tels que la hyène et le chacal, traversée rapidement par quelques rares oiseaux de passage, emportés et souvent étouffés par de brûlantes rafales ; qu'on se figure le silence de la mort régnant partout, le néant convoitant, en quelque sorte, ce triste domaine, mobile et mystérieux tombeau, impénétrable à tous les regards, si ce n'est à celui de Dieu ! Qu'on se figure cette désolation des désolations, encore si récente.... et qu'on ose dire aujourd'hui qu'ils n'ont pas bien mérité de l'humanité, ces hommes courageux, qui n'ont reculé devant aucune difficulté, aucun danger, pour ranimer et vivifier en quelque sorte, ce grand cadavre géologique, qui leur barrait le passage entre les deux mers.

Un apôtre du Christ a dit qu'il voulait voir pour croire.... Eh bien ! que les incrédules viennent maintenant parcourir l'isthme de Suez. Ils y verront deux jolies villes qui ont eu, tout d'abord, leurs églises et leurs hôpitaux, où la foi et la charité chrétiennes sont largement pratiquées ; ils y verront des ateliers en pleine activité, partout des campements bien approvisionnés, enfin, de nombreux villages d'Arabes, vivant en toute sécurité et toute liberté, au milieu d'un grand mouvement industriel, et cultivant paisiblement des sables fécondés, parmi leurs frères d'Europe, qui de leur côté travaillent avec ardeur à la grande œuvre, qui contribuera puissamment un jour à la prospérité et à la pacification, espérons-le, de l'Orient, aussi bien que de l'Occident.

Après ces premières impressions de notre voyage dans l'Isthme de Suez, constatons tout d'abord l'entente parfaite, l'union vraiment fraternelle qui règnent sur tout le parcours du canal maritime, entre ces intelligents et courageux travailleurs, intrépides pionniers de la civilisation, qui ont entrepris et poursuivent la réalisation d'une idée si laborieuse aujourd'hui, mais si féconde dans l'avenir, avec la même ardeur, le même dévouement que les nobles cœurs apportent toujours dans l'accomplissement d'un devoir. Oui, partout, sur les bords du canal de Suez, nous n'avons rencontré que des hommes unis, convaincus et déterminés qui, à l'apparition de leur président, venaient lui serrer la main avec bonheur, je dirai avec orgueil, parce qu'ils apprécient sa merveilleuse activité, sa bienveillance, sa loyauté, et parce qu'ils ont aussi, sans ostentation, mais à juste titre, la conscience de leur propre valeur…. D'ailleurs n'ont-ils pas, eux aussi, une foi inébranlable dans le splendide avenir qu'ils préparent au milieu des sables du désert, et qu'ils légueront à la postérité, après cette merveilleuse transformation, comme une des œuvres capitales d'une époque, d'ailleurs si riche en grandes découvertes, telles que la locomotion par la vapeur, la télégraphie électrique, etc., etc. … et des tra-

vaux vraiment gigantésques, tels que le tunnel des Alp
le canal dont nous parlons et bientôt, peut-être, celui
l'Isthme de Panama, qui réunira deux océans, oblig
aujourd'hui d'aller se chercher, si je puis ainsi parle
au delà de la terre *de feu* et *des glaces* du pôle antar
tique? Honneur donc au travail, qui produit de si grand
choses, honneur et reconnaissance à ceux qui ont a
boré et portent si haut le drapeau de la civilisation (
dix-neuvième siècle! Mais que notre reconnaissance
soit pas stérile pour eux. Ne nous occupons pas seu
ment de leur situation présente; pensons aussi à le
avenir, sauvegardons, dans une juste mesure, le bien-êtr
sinon l'opulence de leurs vieux jours, puisque leur je
nesse s'est épuisée dans l'intérêt de tous; plusieurs d'e
tre eux ont une femme, des enfants qui souffrent avec eu
ou qui les attendent avec tristesse, toutes les tristess
de l'absence, sur les rivages de notre belle France..
Ne les renvoyons pas pauvres et souffrants dans u
patrie, qui se montre toujours si généreuse, si bienvei
lante envers ses enfants, lorsqu'ils ajoutent un laurier (
plus à son immortelle couronne, ou qu'ils l'honorent da
les grandes luttes pacifiques du commerce et de l'indu
trie. Enfin, pour les martyrs de l'œuvre, faisons pl
encore, faisons tout ce qu'il est possible, tout ce qu'il e
juste de faire; consacrons-leur un impérissable souveni
sur la terre même conquise par eux à la civilisation, él
vons-leur un monument, qu'on saluera toujours av
respect et où seront gravés leurs noms, tous leurs nom
car le plus humble, le plus obscur naguère, s'est élev
n'hésitons pas à le dire, à la hauteur de la plus héroïq
abnégation. Tel est mon vœu le plus ardent et il se
partagé, je n'en doute pas, par tous ceux qui ont assist

comme moi , à cette merveilleuse régénération qui va transformer des dunes arides et d'infectes marais de vase, en une des plus riches artères du commerce des deux mondes, séparés naguère par une barrière, qu'on croyait éternelle, infranchissable.

Après avoir parlé de l'armée pacifique , mais vaillante et dévouée, que j'ai rencontrée dans l'Isthme de Suez , je vais faire connaitre , autant que j'ai pu en juger , dans une course rapide, mais on ne peut pas plus intéressante, le champ de bataille où elle combat avec tant d'entrain, de persévérance et de succès. Un mot encore sur le présent et sur le passé , car c'est ainsi surtout, qu'on peut se rendre compte de ce qui a été fait, et apprécier le véritable mérite de cette œuvre, unique dans son genre.

Qu'était l'Isthme de Suez, lorsque Ferdinand de Lesseps vint y dresser sa tente avec quelques outres d'eau , un peu de biscuit.... et cette idée lumineuse, véritable inspiration, qui le guidait dans le désert, comme la colonne de feu , qui précéda autrefois les Hébreux vers la terre promise ? qu'était, dis-je , alors l'Isthme de Suez ? une triste solitude, un océan brûlant de sable, dont le chameau seul, ce type unique de patience et de sobriété, et son guide résigné , osaient braver l'absolue et menaçante aridité.... et que voyons-nous aujourd'hui, à la place de cette stérilité séculaire ? Un canal d'eau douce de plus de 180 kilomètres de long, qui se divise en deux branches et porte jusqu'au lac Timsah d'un côté, et de l'autre jusqu'à Suez, sur les bords de la mer Rouge, la fertilité, la santé, la vie et toutes les promesses d'un heureux et brillant avenir. Ce canal bienfaisant, dont la compagnie de l'Isthme de Suez a voulu, avant tout, doter des populations souffrantes, condamnées fatalement à l'immobilité par la

seule privation d'un élément, indispensable à l'hom
et à la civilisation, va d'ailleurs être complété par u
importante prise d'eau dans la branche principale du N
sous les fenêtres mêmes d'un des palais vice-royaux
Caire, le palais de Kasr-el-Nil, où Ismael Pacha nou
annoncé qu'elle allait être attaquée par 30 ou 40 m
hommes de son armée. Ainsi le canal d'eau douce de
Compagnie sera largement alimenté, dans toutes les s
sons et pour tous les besoins présents et à venir.

Après l'eau douce, la mer aussi pénétrera à gra
flots, dans le désert, par une large voie, promise
commerce des deux mondes et déjà tracée à travers
dunes de sable d'une élévation de plus de soixante pie
et des marais de vase, qui ont été creusés d'abord et c
solidés à force de bras, puis avec de puissantes et in
nieuses machines qui ont heureusement remplacé le t
vail de l'homme, sous ce soleil brûlant. Deux jolies vil
ont déjà surgi dans le désert, celle d'Ismaïlia et de Po
Saïd, ayant trois et quatre mille habitants et tous les é
blissements, religieux, hospitaliers et industriels, q
réclament de grands travaux et le rapide développem
d'une puissante entreprise.

La première de ces villes est dans le centre même
canal maritime. Elle domine le lac Timsah, qui a h
kilomètres de diamètre, et sera bientôt converti en
grand port intérieur, où pourront mouiller et se ra
tailler, au besoin, les nombreux vaisseaux venant
l'Inde, de la Chine, ou de l'Europe et des deux Amé
ques. La seconde ville (Port-Saïd) sur la Méditerran
construite d'abord sur pilotis, sera un jour une nouve
Venise, avec son Lido, ses lagunes et ses mille vaissea
chargés des richesses de l'Orient et de l'Occident. Elle

déjà abritée par les premières fondations d'une digue qui
s'avancera au N. N. O. à environ 3300 mètres par un
fond d'au moins 24 pieds de profondeur; son ouverture,
défendue par une seconde digue d'une moindre étendue
(2000 mètres) au S. S. O., n'aura pas moins de 400 mètres de largeur. Cette œuvre importante est confiée à
MM. Dussaud, qui ont déjà travaillé avec succès aux
ports d'Alger, de Cherbourg et de Marseille. Ils recou-
vreront les enrochements, tirés de la carrière du Mex,
de blocs artificiels, dont nous avons vu quelques magnifiques échantillons, fabriqués à Port-Saïd même. Quant
à la partie du lac maritime, qui, à travers les lacs Amers,
aboutira à la mer Rouge, d'habiles ingénieurs MM. Borel et
Lavallée, chargés depuis peu du parcours des lacs Ballah
et Menzaleh, ont promis de l'achever complétement à la
fin de 1867. Ils feront fonctionner une quarantaine de
belles dragues à vapeur, qui auront facilement raison du
désert humide qu'elles doivent creuser. De son côté,
M. Couvreux a abordé résolûment le seuil d'El-Guisr, où
ses grands excavateurs à sec, mûs également par la
vapeur, étaient déjà en mouvement, lors de notre passage. Cette partie de l'œuvre herculéenne que nous tâ-
chons de décrire sous différents aspects, est vraiment
imposante et donne une haute idée de la puissance de
l'industrie moderne, qui n'a généralement en vue que
des travaux utiles et productifs, tandis que les anciens,
en Egypte surtout, construisaient de gigantesques tombeaux, pour y abriter l'orgueil posthume de quelque
obscur Pharaon.

En présence de tant de travaux en cours d'exécution,
de tant de bon vouloir et de dévouement, on peut avoir
pleine confiance dans l'avenir. Dans trois ou quatre ans

au plus, on pourra dire avec raison : le désert est sup-
primé dans l'Isthme de Suez ; partout de riches cultures
ont remplacé une désolante aridité, partout l'activité la
plus intelligente a réveillé les silencieux échos de ces
solitudes, la vie est partout où la mort régnait naguère.
Enfin, dans trois ou quatre ans les flottes pacifiques et
commerciales de l'Europe, ne craignons pas de l'affir-
mer, traverseront, à toute vitesse, ce désert si longtemps fermé aux progrès vraiment prodigieux de notre
époque, où la vapeur et l'électricité se frayent partout
un passage et où l'homme de cœur, comme celui qui
a conçu la pensée de réunir la Méditerranée à la mer
Rouge, est certain, malgré l'envie et tant d'autres mau-
vaises passions qui le combattent dans l'ombre, de faire
triompher la vérité et de mériter l'estime de ses semblables.

Quels que soient d'ailleurs les intrigues et les mauvais
vouloirs, qui s'agitent et s'agiteront encore autour de
cette œuvre importante, n'est-elle pas honorée d'une
auguste sympathie, qui s'intéresse à son achèvement et
saura la protéger, la défendre au besoin ? Le monde civi-
lisé peut, dans cette circonstance, comme toujours,
compter sur la calme et imposante énergie de l'Empereur
des Français. Il a daigné déjà, sur la demande même du
vice-roi d'Égypte, se prononcer, dans sa haute impartia-
lité, sur les différends, disons plutôt sur les malentendus
qui ont existé un moment entre Ismaël-Pacha et la Compagnie du canal de Suez, dont la plus grande force, le
plus ferme point d'appui, sur le terrain toujours si glis-
sant de l'Orient, est la sentence impériale qui, de toute
manière, devra être exécutée ; peu importe la forme, si
le fond est respecté comme il doit l'être. Sa charte donc

à la main, que la Compagnie en exige, avec calme, mais avec persévérance, la pleine et entière exécution. Elle peut compter, je le répète, sur l'Empereur, qui lui-même dispose du grand pouvoir de la France!

Avant de quitter la capitale de l'Isthme de Suez, Ismaïlia, dont la place principale porte le nom d'un savant illustre, Jean-François Champollion, pour nous rendre sur les bords de la mer Rouge, nous allâmes visiter Bir-Abou-Ballah, qui fut le premier campement régulier de nos intrépides pionniers dans le désert. C'est là que l'on commença à tracer, sur le sable, les plans, dont l'exécution a exigé tant de rudes et surprenants travaux, qui donneront bientôt de si merveilleux résultats.

C'est là que le célèbre émir Abd-el-Kader qui, pendant les massacres de Damas, s'est si noblement acquitté d'une dette sacrée, en sauvant les chrétiens par milliers, est venu, à son retour de la Mecque, se recueillir et prier sous le toit hospitalier que s'était empressé de lui offrir M. Ferdinand de Lesseps.

Après cette intéressante excursion, on disposa tout pour accomplir la dernière partie de notre voyage à travers l'isthme, qui se fait d'ailleurs très-commodément dans de grandes barques, ou canges égyptiennes, remorquées par de petits bateaux à vapeur, ou par des attelages, vraiment fantastiques, de quatre et six dromadaires montés par d'indolents fellahs, qu'un cheik arabe, enveloppé dans son ample abbaye de poil de chameau, stimule avec cette gravité orientale et cette toute-puissance absolue qui n'a besoin que d'un geste, d'un froncement de sourcil, pour se faire obéir. Le beau canal d'eau douce que l'on parcourt sur une longueur de 90 kilomètres, n'a pas moins de 17 mètres de largeur et près de 2 mètres de profondeur.

Il est, dans presque tout son parcours, bordé de belles plantations de tamaris, qui protégent ses deux rives contre les remoues des embarcations les plus rapides. Il sera bientôt livré au commerce pour le transport des voyageurs et de certaines marchandises, de Suez au Caire, ou à la Méditerranée; plusieurs petits bateaux à vapeur ont été commandés, à cet effet, en Europe. En entrant dans ce canal, qui peut à juste titre être considéré comme le chef-d'œuvre de nos habiles ingénieurs dans l'isthme, nous avions laissé un peu sur notre droite, c'est-à-dire à l'occident, les ruines presque complétement ensevelies sous le sable, de l'ancienne ville hébraïque de Ramessès, où eut lieu, dit-on, l'entrevue de Joseph et de Jacob, lorsque celui-ci fut appelé en Égypte par le premier ministre d'un des rois pasteurs (Hycsos) qui pendant quatre siècles environ (1700 ans avant J.-C.) régnèrent sur l'Égypte, ayant Memphis pour siége de leur empire. L'antique race des Pharaons était alors reléguée dans la Thébaïde et n'en sortit qu'à l'apparition, sous la dix-huitième dynastie, de trois de leurs plus grands rois, Amosis, Aménophis et Thoutmès; les deux premiers imprimèrent en effet un grand mouvement à toutes les branches de l'industrie, des arts, de l'agriculture, et le troisième porta ses armées victorieuses jusqu'en Assyrie. Une statue colossale, en granit, gît dans les sables, près de l'emplacement de l'antique Ramessès, mais elle a été brisée par les Arabes, qui ont cru que c'était celle du *mauvais ange.*

Bientôt cependant nous parvînmes à la station de Toussoum-cheïk-Ennedek, près de laquelle se trouve le

Sérapéum, nouveau seuil, ou dune de sable, de plus de 40 pieds d'élévation, qui sépare le lac Timsah des lacs Amers.

Là encore, nous fûmes témoins de l'admirable activité de nos vaillants travailleurs, qui, en attendant la prochaine arrivée des grands excavateurs à vapeur, qui doivent creuser cette dernière barrière de sable entre les deux mers, déplacent, chacun, jusqu'à huit mètres cubes de déblais par jour! car tous veulent comme nous, comme le monde industriel et commercial, que la grande œuvre, due à la courageuse initiative d'un Français, s'achève le plus tôt possible..... *dans trois ans*, comme tout nous le fait espérer.

Enfin, nous avons atteint la dernière station, ou campement, avant d'arriver à Suez; nous sommes à Chalouf-el-Terraba, presqu'en face de la ville d'*Arsinoé* ou de *Cléopâtre*, fondée vers la fin du règne des Ptolémées, sur la rive asiatique, à quelques lieues seulement de la moderne Suez, et dont il reste à peine quelques vestiges. — C'est entre le canal d'eau douce, où nous nous trouvons, et cette ancienne cité Ptolémaïque, que passera la grande voie maritime, qui aboutira, quelques lieues plus loin, à la mer Rouge. On travaille activement sur cette dernière section du canal, comme sur tous les autres points.... partout la même ardeur, le même enthousiasme; on dirait une œuvre sainte, confiée par Moïse ou Abraham au dévouement d'un peuple de travailleurs, qui ont en vue, comme récompense, la terre promise! Et se trompent-ils beaucoup?... Non certes, car la terre promise pour eux, c'est l'achèvement de l'œuvre, et la fécondation du désert.

Je n'omettrai pas, avant de quitter Chalouf-el-Terraba,

de rapporter une légende arabe, recueillie sur les lieux mêmes de la bouche d'un vieux cheik, qui veille aujourd'hui, avec huit ou dix bédouins sous ses ordres, à la sûreté de nos ateliers. J'avais remarqué, sur ce point, un grand nombre de grosses pierres rondes, que je n'avais pas rencontrées ailleurs; et pourquoi, lui demandai-je, tous ces gros cailloux semés dans le sable? « Mahomet, notre grand prophète, me répondit le vieux cheik, passait, en revenant de la Mecque, dans cette partie du désert, très-fertile alors; le soleil était brûlant; le prophète avait soif; il demanda à un cultivateur arabe, qui arrosait de belles pastèques, de lui en donner une pour se rafraîchir.... L'avare cultivateur refusa brusquement.... Mahomet continua sa route sans rien dire, mais un moment après, toutes les pastèques et les melons, qui prospéraient sur cette terre si féconde, mais si mal habitée, furent changés en pierres.... les pierres que vous voyez, et devant lesquelles s'humilie notre orgueil, et s'ouvre toujours notre bourse, lorsque nous songeons à l'avarice de ce mauvais musulman, qui a été si fatale à ce beau pays. »

Nous avions d'ailleurs avec nous pendant cette intéressante excursion, l'envoyé de la Porte, Osman Pacha, homme très-instruit, qui a fait ses études en France, et parle fort bien notre langue. Il parut enchanté, n'ayant rencontré, dans le désert, que des souvenirs bibliques, d'entendre enfin parler de Mahomet et du miracle attribué au chef de sa religion.

Quelques heures après nous étions à Suez....

IV

La mer rouge, le désert, le Caire, ses mosquées, ses bazars, sa citadelle. — Massacre des Mameloucks. — Origine de la fortune de Méhémet-Ali.

Vivement impressionné par tout ce que j'avais vu dans le désert, où je venais de parcourir la terre de Gessen, qu'avaient traversée autrefois Abraham, Jacob et la sainte famille fuyant les persécutions du roi Hérode, je ne saurais dire quelle fut mon émotion, lorsque j'arrivai sur les bords de la mer Rouge.... Là, en effet, par suite d'un de ces merveilleux mirages de l'imagination, m'apparut l'antiquité biblique, dans toute sa majesté.... Je vis les Hébreux, guidés par leur prophète-législateur se diriger vers le mont Sinaï, dont on aperçoit les derniers versants sur la terre d'Asie, et l'armée tout entière de Pharaon s'engloutir sous les flots qui s'étaient séparés, pour laisser passer le peuple de Dieu! La montagne de la délivrance (Gebel-Attaka) était à ma droite, les fontaines de Moïse un peu plus loin vers la gauche. J'entendais les chants de reconnaissance des uns, les cris de désespoir des autres et au-dessus de tous ces bruits de la terre, la grande voix de Jéhova, calme et solennelle, qui ordonnait aux flots de la mer de rentrer dans leur lit !

Le soleil se couchait alors ; à l'orient, vers le Sinaï, des montagnes qu'on eût dit parsemées de roses cueillies dans les plus beaux jardins de la Perse ; à l'occident, derrière l'Attaka, un volcan lançant dans un ciel d'opale, d'éblouissantes gerbes de feu…. Eh ! comment les anciens peuples de ce monde toujours inondé de lumière n'auraient-ils pas commencé par adorer l'astre resplendissant, qui colorait, tout à la fois, leur pays et leur pensée, des mille splendeurs du prisme ? Mais une lumière plus pure, la lumière de la vérité, a lui depuis lors sur le Calvaire et éclairera un jour leur âme, espérons-le, car une des grandes voies du Seigneur, comme l'a dit saint Jean dans le désert, sera bientôt ouverte vers l'extrême Orient et y fera pénétrer la divine morale de l'Évangile, qui épurera leurs consciences, sans éteindre leurs brillantes imaginations !

Le lendemain, au lever du soleil, qui apparaissait encore dans toute sa gloire, derrière la chaîne du Sinaï, nous allâmes parcourir la ville de Suez, qui ne compte aujourd'hui que sept ou huit mille habitants, mais qui prendra un rapide développement, depuis que l'eau lui arrive avec abondance et qu'elle peut compter, dans un avenir prochain, sur les bénéfices du plus grand transit international qui puisse enrichir un port de mer. Déjà la Compagnie du canal de Suez et celle des Messageries Impériales y construisent de vastes ateliers et un superbe bassin de radoub. Partout s'élèvent de nouvelles constructions ; partout s'effectuent de grands remblais ; des marais sont desséchés ; on semble tout disposer pour une population qui certainement atteindra bientôt le chiffre de vingt-cinq ou trente mille âmes. Dans l'après-midi, lorsque le soleil moins ardent commençait à descendre à l'horizon (c'était pourtant au milieu de décembre), nous allâmes visiter en rade les beaux steamers français et anglais, qui desservent les grandes lignes de l'Inde, de la Cochinchine, de l'île Maurice et de la Réunion. Notre amour-propre national fut complétement satisfait; il y avait en effet, sur la rade de Suez, quatre bateaux à vapeur anglais et quatre aussi, sur lesquels flottait majestueusement le drapeau tricolore.... Nous sommes donc dans la mer Rouge, sur le même pied qu'une des plus puissantes marines du monde! Ce qui me frappa le plus, à bord de ces beaux navires, c'est la composition de leurs équipages; on y voyait rangés, côte à côte, sur les gaillards, des Européens, des Chinois, des Indiens et des Arabes, qui paraissaient vivre dans un accord parfait; les officiers étaient tous Français ou Anglais. — A notre retour à Suez nous vîmes passer plusieurs grandes barques pontées, chargées de hadjis, revenant de la Mecque, et de ce précieux café, récolté dans les environs de Moka. — Le soir nous étions invités à dîner chez Osman Pacha, qui voulut rendre ainsi à M. Ferdinand de Lesseps, toutes les politesses qu'il avait reçues dans l'isthme de Suez. L'envoyé de la Porte habitait un petit palais du vice-roi d'Égypte, qui domine la ville et où nous fûmes reçus à la lueur de nombreux Mach-Alhas (espèce de grands récipients en cercles de fer, où brûle du bois de résine et que de nombreux serviteurs promènent au bout d'une longue perche). Cette illumination, mobile et tout orientale, est d'un effet pittoresque.

Entrés d'ailleurs dans l'habitation princière occupée par le Pacha, nous n'y vîmes que des meubles, des glaces, des tentures et même des tapis européens.... Dans la salle à manger, la table autour de laquelle étaient rangés des domestiques en habit noir et en gants blancs, était couverte de mets délicats, apprêtés par *un chef* français, et de bons vins de Bordeaux, de Bourgogne, de Champagne. C'eût été assurément un beau dîner à Paris ou à Londres.... Mais en plein Orient, nous aurions préféré mille fois que des serviteurs Turcs ou Arabes, portant sur leurs bras de longues serviettes brodées, nous eussent servi le pilaw traditionnel, de grands quartiers de mouton rôtis, quelques-unes de ces légères pâtisseries au miel, qu'on fait si bien en Turquie, et pour dessert, de ces délicieuses confitures de feuilles de rose ou de jasmin, qui font rêver aux belles mains qui les préparent, avec amour, au fond des harems de l'Orient.

Le lendemain nous partions.... encore en *chemin de fer* et par un *train spécial*.... Quel contre-sens dans le désert!.... Nous partions, dis-je, pour le Caire. Ce trajet se fait en 4 ou 5 heures à grande vitesse. Le pays a d'ailleurs un cachet qui lui est particulier, car les sables que l'on traverse sont beaucoup plus mobiles que ceux de l'isthme; ils se déplacent souvent et forment un jour des dunes qui disparaissent le lendemain et menacent plus ou moins l'avenir du chemin de fer, qui heureusement sera bientôt remplacé par le grand canal maritime, auquel on travaille avec tant d'ardeur. En quittant Suez, on longe le pied de la montagne de la *délivrance*, au bout de laquelle on aperçoit, vers le Sud, la vallée de l'*égarement*, où les Hébreux, exilés de l'Égypte, avaient d'abord fait fausse route. On rencontre ensuite, au milieu des sables, un palais soli-

taire d'un assez triste aspect et qui déjà menace ruine ; ce fut
un des caprices inexplicables, une des somptueuses folies
d'Abbas Pacha, prédécesseur de Saïd. — Un peu plus
loin, on aperçoit, sur la gauche, encore au milieu des
sables, un grand sycomore, dernière station de la sainte
famille dans le désert, abattu plusieurs fois par le fana-
tisme musulman, mais repoussant toujours plus robuste,
plus vert que jamais, pour perpétuer le pieux souvenir
d'une des plus intimes, des plus suaves traditions du
Nouveau Testament. N'est-ce pas en effet sous cet arbre,
que la plus sainte des femmes chercha un abri, pour
préserver des rayons brûlants du soleil d'Afrique, la
tête de son enfant.... de l'enfant-Dieu ! Ah ! combien le
désert est embelli par ce divin rayonnement de chaste
amour maternel et de toute-puissance enfantine ! Combien
cette sainte famille, sous cet ombrage solitaire est plus
poétique que toutes les rêveries d'une imagination en dé-
lire, comme elle brille d'un plus pur éclat aux yeux d'un
chrétien, que toutes les splendeurs menteuses de ce
monde !.... Les tombeaux si renommés des kalifs ne sont
pas éloignés de ce sycomore béni ; ce sont de fastueux
monuments, chefs-d'œuvre de sculpture mauresque ; mais
comme ils perdent de leur intérêt et s'effacent auprès de
ce simple dôme de verdure, où se reposa un moment la
douce et tendre mère de notre Sauveur !

Enfin quand la végétation, la magnifique végétation
de la vallée du Nil apparaît à l'horizon sur toute la ligne,
précédée de quelques dattiers, semblables à de sveltes
éclaireurs, on dirait une armée en marche pour conqué-
rir le désert. Mais bientôt, derrière ce splendide rideau
de verdure, s'élancent dans les airs les élégants minarets de six cents mosquées ; de nombreux bouquets de

palmiers agitent leurs légères et gracieuses aigrettes d'é
meraudes dans un ciel bleu inondé de soleil; de majestueux sycomores, des tamaris et des acacias-Leba, a
feuillage virginal, se disputent aussi, en l'entourant ave
amour, l'honneur de parer la *belle fiancée des bords d*
Nil; de vastes caravansérails et des konaks princiers sur-
gissent de distance en distance, du sein de cet Éden ver-
doyant, que dominent le mont Mokattam et la belle citadelle, qu'il porte avec orgueil, sur ses flancs de grani
rose; au milieu de cette citadelle, couronnée de tour
mauresques, brille, entre toutes, la belle mosquée d
Méhémet-Ali, surmontée, je ne dirai pas de deux flèches
mais de deux rayons de marbre, qui se perdent dans
l'azur des cieux. Quelle est donc cette féerique vision
ce panorama resplendissant d'une autre époque, d'un
autre monde? C'est Masr-el-Kaïra, la *ville victorieuse,* l
ville par excellence des anciens kalifs! Me voilà donc en
plein Orient, et je vais pouvoir rêver avec délices à l
belle Chéhérazade et à ces brillants et gracieux récits, tou
brodés de perles et de saphirs, qui après l'avoir charmé
pendant mille et une nuits, désarmèrent enfin son maître
outragé.

Encore tout émerveillé de cette ravissante apparition,
j'entrai dans le Caire, mais je ne vis plus *la gare du che-*
min de fer, je n'entendais plus le bruit qui se faisait autour de moi; je me jetai tout pensif, dans une voiture
qui me conduisit rapidement sur la grande place de
l'Ezbékiéh. La nuit commençait à tomber; j'aperçus de
grandes avenues de sycomores, des massifs de beaux no-
pals, quelques caravanes de chameaux, serpentant si-
lencieusement sous ces ombrages séculaires, et puis tout
à coup un assez bel hôtel européen, où un domestique

vint me recevoir en *habit noir et en cravate blanche*. Oh!
laissez-moi mon rêve, mon beau rêve oriental, m'é-
criai-je.... à demain le réveil et les désappointements,
si je dois en éprouver, et j'allai me reposer des fatigues
et des émotions d'une journée si bien remplie.

Le lendemain matin, je parcourus la ville du Caire, où
je rencontrai une grande foule bigarrée, mais plus d'Orien
taux que d'Européens, plus de charbouchs, de turbans
que de chapeaux ronds et de casquettes, plus de femmes
voilées, que de visages découverts, si déplacés dans ce
monde Oriental. Je pénétrai ensuite dans les bazars
Arabes, Turcs et Persans, véritables labyrinthes industriels, garnis de chaque côté de petites boutiques, où le
marchand loin de solliciter votre attention, fume grave-
ment la pipe ou le narguileh, sur une estrade garnie d'un
tapis et de deux coussins, dont un pour lui, l'autre pour
l'acheteur qui vient lui demander quelque beau tapis de
Perse, ou des soieries de Damas, des bouts d'ambre de
Constantinople, des Abbaies ou manteaux égyptiens en
poils de chameaux, de gracieux finghens en filigrane, des
armes, des babouches bien mignonnes brodées d'or et
de perles, qu'il n'étale pas comme nous avec ostentation, mais dont, au contraire, il tient toujours en ré-
serve les plus beaux échantillons. Ce ne sont pas nos
splendides magasins aux devantures de glaces et de
bronze reluisant au soleil, mais c'est ce luxe mystérieux
de l'Orient, où la richesse et la beauté se cachent, loin
de se produire, comme dans les grandes villes de l'Occident.

Enfin, je me dirigeai vers la citadelle .... c'est de là
que je devais apercevoir, pour la première fois, les pyramides de Gizeh et de Memphis, et ce magnifique et mysté-

rieux cours d'eau qui prend, dit-on, naissance dans les
monts de la Lune, et franchit, toujours victorieux de tous
les obstacles, trois cataractes, ou gigantesques barrières
de rochers, que le mauvais ange, ennemi de l'Égypte,
avait, dit une légende Arabe, dressées sur son passage,
pour stériliser ce beau pays, exaspérer ses habitants, les
pousser au désespoir, du désespoir au crime .... et em-
porter alors leurs âmes dans les insondables et ténébreux
abîmes, qu'il habite lui-même depuis sa révolte contre
l'éternel .... En sortant des bazars, j'entendis psalmodier,
sur un ton nasillard quelques versets du Coran; pousser
quelques cris de douleur; c'était un enterrement Turc.
Le mort est étendu sur un long cercueil plat, recouvert
tout simplement d'un grand linceul d'étoffe de laine rouge
et noire; on ne l'enferme dans une bière qu'au cimetière.
Il est porté à bras, suivi d'un groupe de femmes voilées,
ou pleureuses, entouré de nombreux amis, qui tous mur-
muraient le chant monotone, qui avait attiré mon attention. Cette suprême cérémonie n'avait pas d'ailleurs la
dignité, à laquelle je m'attendais, dans ce pays de silencieux recueillement.

Je devais, ce jour-là, avant de parvenir à la citadelle,
à travers des rues tortueuses, presque toutes abritées
du soleil par de vastes balcons en bois, grillés et peints
de différentes couleurs, je devais, dis-je, voir passer
encore deux cortéges, qui ne pouvaient que m'intéres-
ser vivement, celui d'un jeune circoncis, sortant de
la mosquée, et celui d'une mariée conduite par toute
sa famille et ses amis dans la maison de son nouvel
époux.

Le jeune enfant, qui revenait de la circoncision, était
monté sur un cheval richement harnaché; il était lui-

même couvert de ses plus beaux habits; une musique bruyante le précédait; c'était comme des cris d'allégresse, poussés par des cuivres retentissants; de nombreux Saïs, en larges pantalons blancs, leurs manches flottant au vent comme les bonnettes d'un navire, l'entouraient et le soutenaient au besoin, sur sa belle selle de velours rouge. Le père, la mère et quelques amis le suivaient dans des voitures, entourées elles-mêmes de nombreux Saïs et de quelques esclaves noirs.

La mariée était également précédée d'une musique, composée de quelques instruments à vent et de nombreux tambourins à double fond, qui produisent une de ces mélancoliques et frémissantes mélodies, qui font rêver à la vallée de Cachemir, et que Félicien David a si heureusement imitées dans un de ses plus délicieux opéras, *Lalla-Rouck*. L'invisible fiancée était dans une voiture, hermétiquement fermée et recouverte en outre d'un grand châle rayé; venait ensuite la voiture dans laquelle se trouvaient le marié, son père et le père sans doute de la jeune femme, puis une longue file d'autres voitures pour les parents et les amis des deux familles; les femmes étaient séparées des hommes et voilées; un nombreux personnel de serviteurs arabes et d'esclaves éthiopiens, rangés de chaque côté des voitures et prêts à défendre l'arche nuptiale contre les regards trop indiscrets. Une particularité qui m'a frappé, et que j'ai d'ailleurs trouvée on ne peut pas plus gracieuse, c'est que presque tous les chevaux du cortége portaient un mouchoir brodé, disposé en écharpe sur le côté de la tête. N'aurait-on pas pu se croire, en présence de cette tradition si précieusement conservée des élégantes splendeurs de l'ancien Kalifat, sur les bords renommés du Tigre et de l'Euphrate, ou à l'entrée du harem du magnifique et puissant Aroun-Al-Raschid?...

Mais montons à la citadelle du Caire.... Là nous attendent d'autres impressions; là, dans les mystérieuses archives de Méhémet-Ali-Pacha, le seul homme de génie, peut-être, qu'ait produit, depuis longtemps la race bien déchue des anciens Osmanlis, nous lirons le récit authentique et saisissant d'un massacre célèbre, qui a fait frémir plus d'un admirateur du beau talent d'Horace Vernet, mais dont on ignore généralement la véritable cause et les incidents les plus dramatiques. La citadelle du Caire s'élève, comme je l'ai déjà dit, sur le versant du mont Mokattam; on y parvient par une assez belle avenue, qui aboutit à une vaste esplanade, sur laquelle s'ouvre la principale porte de la terrible forteresse, qu'habitait généralement le plus puissant vassal, qu'ait jamais redouté la Sublime Porte! Après avoir admiré l'intérieur de la belle mosquée qui couronne, lorsqu'on arrive du désert, le magnifique panorama de la cité victorieuse, j'entrai dans le palais, encore tout plein du souvenir de Méhémet-Ali; ce n'est pas un de ces beaux konaks de l'Orient, aux formes sveltes et bizarres, aux vifs et gracieux bariolages, ce n'est pas, comme on pourrait le croire, une de ces brillantes habitations, où quelque orgueilleux mushir de Damas ou de Bassora étale son faste et trop souvent sa prétentieuse nullité; c'est une construction simple, sévère, se dissimulant presque aux yeux, c'est l'observatoire d'un habile et ambitieux despote, qui veut tout voir, sans être vu, tout entendre sans révéler sa pensée, une forteresse enfin dans une forteresse; à l'intérieur ce sont d'abord quelques salons de réception, assez richement meublés à l'européenne, qui masquent, en quelque sorte, les mille détours et les mystères des appartements réservés, au centre desquels se trouve la grande salle du divan, type traditionnel et imposant de la vieille architecture orientale, qui ne reçoit le jour que par quelques fenêtres de style mauresque, garnies de petits treillages en bois, vivement coloriés ; un beau tapis de Smyrne s'étend sur des dalles de marbre blanc, un large sofa, recouvert de riches brocards de Damas, règne tout autour de cette salle.... On y montre encore la place (dans l'angle principal).... où Méhémet-Ali ordonna le massacre des Mamelucks !

Voici, d'ailleurs, comment le vieux pacha, dans un de ses rares moments d'épanchement, raconta ce terrible événement à un ancien consul général de ses amis : « On m'a dit qu'un grand peintre français a fait un tableau, où il me représente assis sur mon sofa, la main droite posée sur la tête d'un lion et regardant *tranquillement* par une fenêtre de mon palais, l'extermination des Mamelucks ! — Or, je n'ai jamais eu auprès de moi de lion vivant et aucune fenêtre de la salle du divan, où je me trouvais alors, ne donne sur les cours intérieures de la forteresse, où s'est accomplie cette inévitable catastrophe.... D'un autre côté, on a prétendu que cet acte important de mon gouvernement n'avait été qu'une inutile cruauté, qui m'avait été inspirée par un mouvement de dépit et par un sentiment d'envieuse rivalité .... comme si un maître pouvait jamais être jaloux de ses serviteurs !... Je n'ai pas à me justifier, car ma conscience ne me reproche rien ; apprenez d'ailleurs quels ont été les puissants motifs qui, dans cette circonstance, m'ont obligé de repandre beaucoup de sang, j'en conviens, mais le sang de mes plus implacables ennemis.... Je devais aller faire

un voyage à la Mecque, et je voulais que ce saint pèlerinage fût entouré de toute la pompe, qui pourrait lui
donner le caractère d'un grand acte religieux. J'invitai
donc les principaux chefs des Mamelucks à m'accom-
pagner, à travers le désert, jusqu'à Suez, où je comptais
m'embarquer, pour aller m'incliner seul, avec quelques
officiers de ma maison, au pied du tombeau du Prophète.... Les chefs conviés par moi, arrivèrent successivement, avec de nombreuses escortes et campèrent fièrement autour de cette capitale, où on compta bientôt plus
de six mille Mamelucks, tous armés en guerre, la tête
haute, le sourire, un terrible sourire aux lèvres, maltraitant
plus ou moins mes cavas, et hantant, dans le quartier
arabe et les bazars, les hommes les plus turbulents et
les plus désaffectionnés à mon gouvernement. Quelques
serviteurs dévoués, que j'avais chargés de surveiller cette
milice arrogante et indisciplinée, vinrent m'annoncer que
ses principaux chefs avaient souvent, la nuit, des entre-
vues mystérieuses avec quelques fanatiques, vieux et
dangereux débris d'une époque de révolte, encore récente,
où la Porte avait tout perdu et où en m'emparant du pouvoir, j'avais pourtant reconnu la suprématie du sultan.
Les rapports les plus inquiétants se succèdaient; enfin on
vint m'apprendre que ceux-mêmes, que j'avais invités
à me suivre, devaient m'assassiner dans le désert....
J'exigeai des preuves; on me les apporta, car dans un
complot, quelque bien ourdi qu'il soit, il y a presque
toujours un traître.... Que devais-je faire, je vous le
demande, en présence d'un si grand danger? Me laisser
égorger et livrer l'Égypte à tous ces petits tyrans, qui
l'avaient toujours exploitée si brutalement et l'exploitaient
encore, à mon grand déplaisir... Je me recueillis et ré-

fléchis longtemps à la gravité des circonstances ; je passai toute la nuit en prières ; je consultai mentalement et du fond de ma conscience celui qui seul pouvait m'éclairer et m'inspirer dans ce moment suprême.... Enfin, mon parti fut pris.... je montai le lendemain matin à cheval, avec quelques-uns de mes officiers seulement, et pour faire croire à mes ennemis, je devrais dire à mes assassins, que je ne me doutais de rien, que j'avais pleine et entière confiance en eux, j'allai les visiter les uns après les autres dans leurs propres camps.... L'accueil qu'ils me firent fut, en apparence, empressé et respectueux ; je n'avais rien à dire ; je dissimulai donc mon indignation, et le jour suivant je les invitai à une grande fête, qui devait, à un signal donné, se convertir en un grand deuil, en une grande expiation ! Cependant je convoquai d'urgence tous les membres de mon divan .... pour les consulter, me-direz-vous ? — Eh non ! mon parti était pris irrévocablement ;—je voulais les avoir tous à ma disposition et sous la lame de mon poignard, car je savais que quelques-uns d'entre eux étaient sur le point de me trahir.... Mes fidèles et braves Albanais étaient prévenus et réunis dans la citadelle ; tous étaient armés de leurs longs fusils et couchés derrière les créneaux et dans les vieilles tours, qui dominent partout les cours intérieures.... Mes conseillers, — et le plus souvent, vous le savez, ces prétendus amis sont les ennemis les plus dangereux du pouvoir — se présentèrent les premiers .... quelque inquiets et troublés que fussent quelques-uns d'entre eux, ils traversèrent la citadelle sans rien voir, sans rien comprendre. Je les fis introduire dans la salle du divan, à travers une haie de mes véritables amis, des vieux soldats de mon ancien régiment ; ils apprirent ainsi à qui ils auraient affaire, le cas échéant.... Une fois réunis autour de moi, dans cette même salle, observa le pacha, je leur dis, sans aucun préambule .... on veut m'assassiner lorsque je me rendrai à la Mecque.... J'en ai la preuve.... plus d'un de mes conseillers pâlirent alors.... Mais, je continuai ; ceux qui veulent m'assassiner sont ces mêmes Mamelucks que j'avais invités à m'escorter dans le désert.... Un si lâche complot vous fait tous frémir d'indignation, je n'en doute pas.... Tous vous êtes prêts, n'est-ce pas, à défendre, à venger votre maître?.... Voici l'ordre d'exterminer mes assassins, signez-le, et ne bougez pas, car le premier qui sortira d'ici, subira le sort des traîtres, dont je vais me débarrasser .... aussitôt je frappai dans mes mains ; la grande porte de la salle du divan s'ouvrit ; ma garde était sous les armes ; un officier m'annonça, qu'après avoir exécuté une brillante fantasia sur l'esplanade de la forteresse, où une foule nombreuse les avait admirés, les chefs des Mamelucks et leur nombreuse suite commençaient à pénétrer dans les vastes cours de la forteresse .... Quand tous auront franchi la porte de l'Orient, dis-je, en fixant mes conseillers tout tremblants , que mes ordres soient exécutés.... Ah! pensai-je encore une fois, pourquoi faut-il pour le salut de tous, être obligé de verser tant de sang !... Une terrible fusillade éclata tout à coup autour de nous ; des cris de rage et de désespoir, auxquels se mêlèrent les hennissements de ces superbes coursiers, victimes de la trahison de leurs maîtres, retentirent dans les airs ; cette suprême agonie de la plus belle cavalerie du monde, trouvant son tombeau là où elle s'attendait à une fête splendide, ne se prolongea pas au delà d'une demi-heure.... Un silence solennel, le silence de la mort succéda à tout ce bruit.... La justice était satisfaite ;

l'Égypte était débarrassée de ses plus dangereux oppres-
seurs .... et moi de mes assassins ! Dites-moi, mon ami,
ajouta en finissant, le pacha, pouvais-je agir autrement? »

Le consul général étranger, qui l'avait écouté avec un
frémissant et douloureux intérêt, se borna à lui dire,
en se retirant : « Vous avez en effet couru un bien grand
danger.» Pouvait-il d'un côté approuver de sang-froid, une
si sanglante hécatombe? Comment d'un autre côté, plusieurs années après, reprocher à celui qui avait été sur
le point d'être assassiné, un fait accompli, quelque
regrettable qu'il fût?

Maintenant voulez-vous connaître, me dit-on, l'origine
et la cause de la surprenante fortune de Méhémet-Ali?
Une terrible révolte éclata, au commencement de ce
siècle, en Égypte ; le gouverneur de la Porte, Kosrew-
Pacha, malgré sa fermeté et son courage bien connu, fut
obligé d'abandonner le pays à lui-même. Cette insurrec-
tion pouvait amener un grand trouble dans les affaires
de l'Europe ; il fallait l'étouffer aussitôt que possible.
L'empereur Napoléon Ier, dont le vaste génie embrassait,
dominait tout alors, fit écrire à son consul général au
Caire, M. de Lesseps père, de lui indiquer un homme qui
fût capable de rétablir l'ordre sur les bords du Nil. M. de
Lesseps avait remarqué pendant les troubles, un bimbachi, ou colonel d'un régiment albanais, qui avait fait
preuve de beaucoup d'énergie et jouissait d'une grande
influence parmi les troupes turques restées en Égypte.
Il l'appela auprès de lui et lui exposa la situation....
Quelques jours après, Méhémet-Ali s'était emparé du
pouvoir, en reconnaissant toutefois la suzeraineté de la
Porte Ottomane. Or, vingt ans après, lorsqu'il était au

faîte de la puissance, un jeune élève consul, chargé de la gérance du consulat du Caire, fut reçu par le vice-roi d'Égypte, en présence de toute sa cour, avec les plus grands honneurs, et les témoignages de la plus affectueuse sympathie. Cet élève consul était M. Ferdinand de Lesseps, célèbre depuis par sa grande entreprise dans l'isthme de Suez. Le pacha, le présentant à ses ministres et aux principaux officiers de son armée, n'hésita pas à leur dire : « Ce jeune homme, que je reçois si bien, est le fils de celui à qui je dois la haute position que j'occupe aujourd'hui ; il m'a remarqué lorsque je n'étais qu'un simple bimbachi, lorsque je savais à peine signer mon nom ; il a eu confiance en moi, et cette confiance, je me flatte de l'avoir justifiée ; il est juste d'ailleurs que je reporte sur le fils l'amitié que j'ai toujours conservée pour le père. » Un aveu si franc, si noble et si loyal, penseront quelques-uns, peut-il être accepté comme le rachat tardif de tant de sang versé, cemme une compensation suffisante de l'implacable énergie dont ce pacha, si diversement jugé, avait fait preuve lors du massacre des Mamelucks ?

Quoi qu'il en soit, j'avais eu l'esprit si tendu et, je l'avouerai, le cœur si serré pendant le premier récit de mon intéressant cicerone, que j'éprouvai le besoin, un besoin impérieux, de respirer le grand air ; je sortis du palais par une porte latérale, et je me trouvai tout à coup sur un des remparts les plus élevés de la forteresse.... Là j'avais à mes pieds toute la ville du Caire, avec ses belles mosquées, ses élégants minarets et ses vastes bazars, enveloppés dans leur brillant caftan de verdure : et puis le Nil, coulant majestueusement dans un lit deux fois plus large que celui du grand fleuve, dont s'enorgueillit justement la patrie allemande.... Devant moi, se dressaient les pyramides de Gizeh; plus loin, à ma gauche, celles de Sakkarah ou de Memphis.... et, partout, à l'horizon, le désert.... une immensité de sable, sous l'immensité des cieux! C'était, j'en conviens, un beau, un imposant spectacle, mais rien ne pouvait me distraire du souvenir, encore tout palpitant en moi, de ce massacre à huis clos, de cette effroyable boucherie entre les quatre murs de la forteresse, où j'entendais encore gémir, où je voyais encore étendus tout sanglants, dans la poussière, ces superbes cavaliers, l'orgueil naguère, et la terreur peut-être de ce beau royaume, un moment perdu, mais dont ils rêvaient encore la conquête.... Les regards fixés sur une large embrasure, d'où s'était précipité résolûment dans l'abîme le seul Mameluck qui eût échappé à ce grand désastre et qui vivait encore il y a deux ans, je ne voyais, je ne regardais que le vaste cimetière, que *la Ville des morts*, ainsi qu'on l'appelle au Caire, qui s'étend au loin à l'occident, et où reposent, m'avait-on dit, sous la même pierre, rouge encore de leur sang, les tristes victimes d'une ambition déçue et d'une vengeance sans exemple!

Toutes les aspirations d'en bas, me dis-je, en retournant vers le Caire, ne seront donc toujours que des révoltes, et toutes les répressions d'en haut, que de sanglantes exterminations!

La mosquée du sultan Hassan n'est pas loin de la citadelle; elle est une des plus anciennes et des plus belles du Caire. La cour carrée qui la précède, avec sa délicieuse fontaine en marbre, et ses portes en bois de cèdre si richement sculptées, mérite une attention toute particulière. Il est à regretter que ce beau spécimen d'archi-

tecture orientale ait éprouvé tant de dégradations, et
qu'elles ne soient pas réparées. Cette mosquée date de
l'année 660 de Jésus-Christ, et fut commencée sous le
règne de Hassan, cinquième kalif, qui eut pour mère Fa-
time, fille de Mahomet. Il est des monuments historiques,
qu'on devrait conserver à tout prix.

La fin tragique des Mamelucks et tout ce que j'avais
vu, tout ce que j'avais entendu de saisissant, dans la
citadelle du Caire, m'a fait oublier involontairement
de parler d'un puits très-profond, qui se trouve dans
l'enceinte même de cette forteresse et où l'on assure (nou-
velle tradition biblique du plus vif intérêt), que Joseph
fut enfermé d'abord par ses frères, puis vendu à des mar-
chands Ismaélites, qui portaient des parfums à Memphis.
De là, comme on le sait, la fortune du fils préféré de
Jacob.

Enfin je retournai sur la place de l'Ezbékieh, où je
devais dîner avec M. Mariette, le savant directeur et
créateur du musée égyptien du Caire, et avec M. Re-
nan, qui revenait de la haute Égypte et devait peu de
jours après, retourner en Palestine, où il sera, j'espère,
mieux inspiré que la première fois. Le roman historique,
dont il est l'auteur, a fait du bruit, beaucoup trop de
bruit, parce qu'on lui a donné plus d'importance qu'on
ne l'aurait dû. En effet, aux aberrations de l'esprit hu-
main, lorsqu'elles s'attaquent surtout à nos plus saintes
croyances, que répondre ? Rien ! Car la discussion en pareil cas, est presque une profanation. Que leur opposer ?
Une foi plus vive, plus inébranlable, dans les éternelles
vérités, que rien ne saurait effacer des annales révérées
du christianisme !

Nous devions, le lendemain, être reçus par le vice-roi

dans son grand palais de Kasr-el-Nil; nous y allâmes par le fauboug de Boulaq, où se trouvent la fonderie, l'arsenal militaire, les ateliers du chemin de fer, le chantier des bateaux à vapeur et plusieurs usines importantes. Là, nous rendîmes visite au prince Czartoriski, que l'état de sa santé oblige de passer tous les hivers au Caire; il a eu le malheur, pendant notre séjour en Égypte, de perdre à Paris sa digne mère, la providence de tant de malheureux exilés qui, dans l'île Saint-Louis, retrouvaient la patrie absente et toutes les vertus, toutes les grâces qui les consolaient un moment de ce qu'ils avaient si cruellement perdu!

En face du faubourg de Boulaq, et au milieu même du Nil, flotte comme un beau navire couronné de fleurs et de verdure, l'île de Geziret, où les vice-rois ont un joli palais, leur résidence favorite, surtout en été. Les brises du grand fleuve y apportent une fraîcheur, inappréciable sous le soleil ardent de l'Afrique.

On traverse ensuite de grandes avenues d'arbres, plantées sous le gouvernement d'Ibrahim Pacha, qui pour se distraire du repos forcé auquel il fut condamné, après ses victoires en Syrie, voulut du moins embellir encore sa capitale, déjà si remarquablement belle. Peu après, nous arrivâmes à Kasr-El-Nil, où se réunit ordinairement le divan, ou conseil des ministres du vice-roi. Ce palais fait partie d'une immense caserne, formée de trois ailes de bâtiments, qui peuvent contenir jusqu'à quatre régiments d'infanterie. Il est au bord du Nil; rien de remarquable à l'extérieur, mais à l'intérieur, beaucoup de luxe, sinon oriental, du moins cosmopolite. En effet les glaces, les tentures et les meubles étaient français, les tapis anglais, les lustres de Bohême.

Ismaïl Pacha nous attendait dans le troisième salon; nous lui fûmes présentés par le président de son conseil, Ragheb Pacha, dont on vante le talent et l'intégrité. — Après la pipe et le café traditionnels, le vice-roi frappa légèrement dans ses mains; tous les officiers de sa cour se retirèrent. La conversation devint alors plus confidentielle; on parla nécessairement de l'isthme de Suez, d'où nous venions et où s'exécutent de si grands travaux. Sans entrer dans plus de détails que ne doit en donner en pareil cas un ancien diplomate, je dirai que nous eûmes lieu d'être satisfaits des dispositions que nous manifesta le vice-roi. Il exécutera fidèlement, je me plais à le croire, la sentence arbitrale de l'Empereur des Français; c'est tout ce que lui demande la compagnie du canal de Suez. — En sortant du palais de Kasr-El-Nil, nous allâmes visiter le musée égyptien de M. Mariette; c'est sans contredit la plus précieuse collection de ce genre; elle m'intéressa vivement, quoique je ne sois pas un grand admirateur de l'art égyptien, *quant à la forme*, bien entendu, car, au point de vue archéologique, personne plus que moi, ne s'incline devant les grands débris des quarante siècles pharaoniques.

Le soir j'allai dans un cané assez retiré du quartier Arabe, voir danser des Almées.... Mais hélas, ce ne sont plus ces belles femmes inspirées, qui autrefois, au pied de l'Himalaya ou sur les bords du Gange, improvisaient de délicieuses poésies, qui faisaient rêver ou enthousiasmaient tout un peuple.... Ce ne sont plus ces sveltes et gracieuses Bayadères, dont la danse si voluptueuse, si passionnée, figurait tous les délires, exprimait toutes les passions; elles se sont, hélas! évanouies à jamais, ces séduisantes visions qui ravissaient, au fond de leurs

harems, les plus puissants monarques de l'Indoustan !
Pauvres anges déchus, les Almées ne sont plus aujour-
d'hui que des danseuses publiques, sans voix et sans
inspiration ; quelques-unes ont encore de la grâce, cette
grâce que définit si bien le mot italien de *morbidezza;*
mais lorsque leurs poses, trop langoureuses d'abord, pour-
raient, en s'animant un peu, avoir un certain charme....
tout à coup, s'apercevant de la froideur des spectateurs,
elles se livrent à tous les excès, je dirai à tous les abus
des plus profanes séductions.... La danse surtout de
l'*Abeille*, qui a piqué si cruellement cette pauvre Al-
mée qui la cherche, la poursuit sous tous les flots de
soie et de gaze qui l'enveloppent, inquiéterait et embar-
rasserait, je crois, l'œil le plus habitué aux excentri-
cités de nos petits théâtres.... Mais laissons tomber un
voile sur ces tableaux, où le réalisme le plus provo-
quant a malheureusement remplacé les poétiques traditions de l'Orient.

V

Les Pyramides. — Retour à Alexandrie et en France.

Il me restait encore, après avoir admiré sous tous ses aspects l'ancienne capitale des Kalifs, à visiter les pyramides, mais toujours, par un secret pressentiment, une inexplicable répulsion, que ne justifiait certainement pas tout ce que de célèbres voyageurs ont publié sur ces gigantesques monuments, je remettais de jour en jour mon inévitable pèlerinage aux tombeaux des Pharaons; je n'avais plus que 24 heures à passer au Caire; il fallut bien me décider. Je partis donc le matin, au point du jour, avec mon excellent compagnon de voyage, M. de Lagau, ancien ministre plénipotentiaire, plutôt pour aller remplir un devoir, que pour satisfaire un de ces impatients désirs, qu'éprouvent généralement les touristes sur la terre étrangère.... et pourtant ce n'était pas que mon imagination sommeillât, fatalement endormie au milieu de tant de merveilles; ce n'est pas qu'elle se refusât aux émotions même de l'archéologie, d'une archéologie surtout entourée d'un si grand prestige.... Loin de là; jamais, depuis que j'étais entré dans le désert, je n'étais plus avide de voir, d'admirer, mais un secret pressentiment, je le répète, m'annonçait vaguement un grand désappointement, que je regrettais d'avance d'avoir à expliquer.... Nous partîmes pourtant sur deux *beaux ânes*, car en Égypte ce guide intelligent des caravanes est la monture préférée, non-seulement dans les courses aux environs de la capitale, mais encore dans le Caire, où les plus graves musulmans, voir même les ministres du vice-roi, circulent, entourés de leurs gens, sur ces beaux ânes richement harnachés, et dont l'allure est si douce, le pied si sûr.... J'ai vu des ânes blancs en Égypte, aux jambes aussi fines que celles du plus rapide coursier arabe, à l'encolure gracieusement recourbée, qui avaient coûté trois et quatre mille francs! Tant il est vrai que, dans tous les pays, et sous toutes les latitudes, la conservation, ou, si l'on aime mieux, la réhabiliation des espèces dépend, d'abord, du cas qu'on en fait, et puis des soins qu'on leur prodigue; toujours est-il que je n'ai jamais vu de plus belles bêtes que les ânes d'Égypte et ces magnifiques mules qui, longtemps en Espagne, ont joui du privilége exclusif d'être attelées aux plus riches carrosses de la cour. Mais, me dira-t-on, pourquoi toutes ces lenteurs, pourquoi cet éloge, peut-être inutile, de vos modestes montures? allez donc aux pyramides, *du haut desquelles quarante siècles ont contemplé* une des plus brillantes victoires remportées par nos armées, vers la fin du dix-huitième siècle.... Je m'attarde, j'en conviens, et j'en ai dit le motif.... nous partîmes enfin; nous traversâmes d'abord le vieux Caire, où vivent, côte à côte, sans trop se froisser, des Arabes pur sang et de nombreuses familles coptes ou chrétiennes, qui ont un vaste couvent,

une église, un cimetière, et se livrent paisiblement à de
petites industries, qui leur assurent un bien-être relatif.
Du reste, rien de bien remarquable dans ce vieux quartier de la belle capitale des Kalifs, n'étaient les jolies
maisons de plaisance et un palais Viziriel, qui bordent
les rives verdoyantes de l'île de Geziret-er-Roudah. Le
Nil a été canalisé sur ce point et il est couvert de belles
canges égyptiennes, destinées surtout aux promenades,
que différents harems font sur le grand fleuve, à l'abri de
vastes tentes bariolées et sous la garde de quelques
fidèles serviteurs. Nous en vîmes partir deux ou trois,
avec des musiciens et un groupe de cavas sur l'avant;
les femmes étaient sous les tentes, à l'arrière, à moitié
voilées, mais dans leur brillant et pittoresque costume
oriental; n'était-ce pas ainsi que les belles odalisques
d'Aroun-al-Raschid devaient autrefois glisser mystérieu-
sement sur les flots du Tigre, lorsque le soleil descendait
à l'horizon et que leur puissant seigneur et maître voulait, comme il le disait fort galamment, se reposer au
milieu des fleurs vivantes de son jardin, des soins et des
soucis de son empire?

Le vieux Caire est au bord du Nil. On nous avait parlé
d'un bac; mais nous ne trouvâmes, pour le traverser,
que de petites barques, ayant d'immenses voiles latines,
un reïs arabe à la barre et un petit fellah, pour tout équi-
page; nous nous embarquâmes, pêle-mêle, avec nos
bêtes; nous étions une douzaine; le petit matelot au-
tochthone amarra l'écoute pour n'avoir plus à s'en
occuper.... et nous, nous ouvrîmes bien vite nos cou-
teaux de poche, pour couper la drisse au besoin....
c'était une sage précaution, avec d'aussi imprudents
navigateurs. Enfin, après un quart d'heure, nous avions

traversé le fleuve sans accident, malgré d'assez forts courants et quelques rafales, qui firent pencher sensiblement notre frêle embarcation. Le Nil commençait à baisser; mais il était encore bien beau, bien imposant dans ses allures vraiment souveraines. Nous abordâmes d'ailleurs assez péniblement au village de El-Giseh, car la rive est assez escarpée sur ce point.... Remontant sur *nos ânes*, nous traversâmes un bazar, bien approvisionné de pastèques, de dattes et d'autres fruits et légumes du pays. Un cheïk arabe, de la connaissance de notre guide, nous offrit de nous escorter jusqu'aux pyramides; son père avait connu, nous dit-il, le général Bonaparte. Comment refuser une pareille offre? Ce chef du désert pouvait nous être utile; ce n'était, dans tous les cas, qu'un bacchis de plus à distribuer à notre retour. Nous partîmes donc avec le cheïk et nous n'eûmes pas lieu de le regretter, car il connaissait parfaitement la route. Nous avions à faire environ dix-huit kilomètres, d'abord sous de beaux dattiers et quelques acacias-Leba, qui nous masquaient les pyramides, ensuite à travers des terrains couverts encore du limon et des eaux du Nil; partout d'ailleurs nous rencontrâmes des plantations de coton, dont la culture a, depuis quelque temps, envahi toute l'Égypte; j'ai déjà dit qu'elle en a produit, en 1864, pour 450 millions de francs!... Enfin nous aperçûmes les pyramides.... Après tout ce qu'on a dit de ces grandes constructions pharaoniques, de l'imposant effet qu'elles ont produit sur certains voyageurs, il faut du courage, je l'avoue, beaucoup de courage pour déclarer, comme je le fais, la main sur la conscience, que je n'ai jamais éprouvé, dans mes nombreuses pérégrinations à travers les deux mondes, un désappointement plus com-

plet, je dirai plus affligeant, qu'en présence de ces célèbres entassements de pierres, si éloquemment inter-
pellés par le général Bonaparte, avant la bataille qui
porte leur nom.... Je les ai contemplées longtemps avec
tristesse, mais avec un vif, un ardent désir de m'incliner
comme tant d'autres, devant leur majesté séculaire ; je me
suis reporté, par la pensée, aux temps reculés, où elles
furent construites par l'orgueil sépulcral des Pharaons,
et ma pensée, tout en admettant, sans conteste, le grand
intérêt archéologique de ces montagnes de pierres, ar-
rosées jadis de la sueur et du sang de tant de malheureux, ma pensée, dis-je, est demeurée froide et attristée....
comme elle l'est toujours en présence d'un champ de bataille, où le vainqueur a pu acquérir quelque gloire,
mais où l'humanité a eu tant à souffrir!... Plus de trois
millions d'hommes ont été condamnés, pendant trente
ans, à élever laborieusement la plus grande des pyramides et plus d'un million sont morts à la peine ! Plus
d'un million trois cent mille mètres cubes de pierres et
de maçonnerie ont été employés à la construction de ce
gigantesque tombeau, qui ne renferme même plus aujourd'hui les tristes dépouilles du chef tout-puissant de
la quatrième dynastie, ou plutôt de l'implacable despote,
qui n'a pas craint de reposer sur une terre rouge encore
du sang d'un million de ses sujets !... L'histoire rapporte
que le peuple, qui souffre, mais n'oublie pas, fit lui-
même, après la mort de Chéops, justice de tant de cruau-
tés, en violant son tombeau et jetant ses cendres au vent !
Ces pyramides, si vantées, n'apparaissent d'ailleurs, je
le déclare hautement, que comme un point dans l'immensité du désert, qui lui du moins est beau, majestueux et
solennel, comme tout ce qui sort de la main de Dieu !

Áh! j'aime bien mieux ce grand sphinx, enseveli dans le sable jusqu'au poitrail, dont le regard triste et sévère semble condamner, quoique préposé à leur garde, ces fastueux monuments de la vanité humaine, descendant du trône dans la tombe et toujours s'imposant, pendant la mort, comme pendant la vie!

Près du sphinx est aussi une autre ruine, qui offre un grand intérêt; c'est un petit temple, découvert récemment par M. Mariette, qui en donnera sans doute une description détaillée. Ce temple doit d'ailleurs remonter à une époque antérieure à celle des pyramides de Giseh; ses colonnes de granit noir affectent la forme carrée et n'ont aucun ornement; quelques figures hiéroglyphiques seulement, sont gravées sur de grandes dalles et seront sans doute bientôt déchiffrées par le savant disciple de l'illustre Champollion; nous saurons alors au juste à quoi nous en tenir.

Mais pénétrons dans l'intérieur de la grande pyramide, car puisque j'en ai parlé, je dois la faire connaître telle qu'elle m'est apparue, sous tous les aspects. L'entrée de la chambre mortuaire du roi Chéops est à trois ou quatre mètres du sol, mais elle est tellement étroite, tellement déprimée, qu'on est obligé de se courber en deux pour y pénétrer; on glisse d'abord sur une pente très-rapide de granit; parvenu au fond de ce premier précipice, où l'on commence à perdre la respiration, l'on doit faire un brusque mouvement à droite et alors commence la plus pénible des ascensions sur des corniches de marbre, où l'on peut à peine poser le pied, et sur des degrés de granit, tellement usés par le temps, qu'on ne saurait s'y maintenir sans le secours de deux Arabes ou Bédouins, qui vous tirent par devant, vous poussent par derrière ; vous crient, à chaque instant, de baisser la tête ; vous entraînent à droite, à gauche, dans tous les sens, à travers ce véritable labyrinthe pétrifié ; vous annoncent en passant (car on est dans la plus complète obscurité), que vous avez sous les pieds un puits qui a autant de profondeur que la pyramide qui le recouvre a de hauteur, c'est-à-dire, près de 480 pieds.... Enfin, on parvient, tout en nage et respirant à peine, dans la grande chambre mortuaire, triste caveau de marbre et de granit, dont on peut à peine apprécier les dimensions, malgré les nombreuses lumières portées par les guides.... Le sarcophage du roi Chéops est là, vide et béant, devant vous.... Il a été violé par la colère du peuple.... ou par quelque obscur conquérant.... A quoi donc ont servi les treize cent mille mètres cubes de maçonnerie qui le recouvraient et les trois millions d'hommes qui ont travaillé, pendant 30 ans, à préserver les orgueilleuses dépouilles de cet ambitieux Pharaon ? Mais quittons bien vite, m'écriai-je, ces tristes lieux.... de l'air, du soleil, mon Dieu ! Je meurs ici, suffoqué et presque indigné contre ces sombres voûtes, complices du plus scandaleux abus de la force ! Nous redescendîmes donc ces pentes mortuaires avec la rapidité de la flèche, ou d'un malheureux qui fuit devant une bête féroce.... et une fois dehors, nous jurâmes de ne plus y rentrer jamais.

Et maintenant que j'ai osé dire ma pensée, toute ma pensée sur les pyramides, je déclare de nouveau que je suis loin de contester leur incontestable intérêt archéologique et monumental.... Ces grandes pages de granit ont pu seules nous apporter, à travers quarante siècles, de sombres mais importantes traditions pharaoniques, dont j'apprécie toute la valeur relative, sans en admirer l'aspect. Quoi de plus précieux en effet et souvent de plus abrupte, dans la forme, que ces vieilles chroniques, qui nous révèlent tout un passé, sans histoire, ou plutôt sans un de ces admirables historiens, qui, comme Thucydide, Tacite et Bossuet, peignent et racontent si bien, et dont le style magistral, le jugement si sûr et si profond donnent aux faits, déjà si éloquents par eux-mêmes, toute l'éloquence d'un grand et beau drame en action? Ainsi ces pyramides, antiques annales d'un des plus puissants empires qui aient marqué dans l'histoire du monde, elles n'offrent à notre esprit que l'aride, mais incontestable intérêt d'une gigantesque chronologie.

Parlerai-je de l'opinion de quelques ingénieux archéologues, qui, ne pouvant justifier la colossale inutilité des pyramides, leur ont supposé une destination que rien ne confirme d'ailleurs, quand on a été sur les lieux mêmes et qu'on s'est bien rendu compte de leur véritable situation à l'égard du désert? En effet, comment la vallée du Nil aurait-elle pu être garantie de l'invasion des sables du désert occidental par deux seuls groupes de pyramides aussi distancées que le sont celles de Gizeh et de Sakkarah? Plus de douze kilomètres les séparent; tous les sables du Sahara égyptien n'auraient-ils pas pu pénétrer par une si large brèche et tout envahir devant eux? Et puis des pyramides de Gizeh jusqu'à Alexandrie, autre grande brèche de plus de cent vingt kilomètres, complétement ouverte au subtil et terrible envahisseur, auquel on a bien gratuitement opposé des barrières imaginaires. Mais qu'on se rassure, les tempêtes de sable n'ont jamais franchi le Nil, le simoun, ce vent impétueux qui soulève à l'ouest des pyramides des trombes de sables errants, si redoutées des caravanes, et qui ont manqué, autrefois, d'ensevelir toute l'armée d'Alexandre, n'a heureusement jamais soufflé dans la vallée du Nil, proprement dite.... autrement l'Égypte n'existerait plus depuis longtemps! Mais, me demandera-t-on, sans doute, pourquoi le simoun respecte-t-il ainsi la vallée du Nil?... Ne pouvant expliquer ce grand phénomène naturel, je réponds sans hésiter : C'est parce que Dieu a dit aux sables du désert, comme aux flots de la mer, vous n'irez pas plus loin !

Des affaires me rappelaient au Caire, d'où je devais me rendre à Alexandrie. Après donc avoir jeté un dernier regard sur les pyramides de Giseh et sur celles de Memphis, que je n'ai pas pu aller visiter, mais que j'ai parfaitement distinguées à l'horizon, je suis retourné dans cette belle cité arabe, que j'ai quittée à regret et que je n'oublierai jamais.

Le lendemain matin, un train express nous emportait à Alexandrie. Je remarquai, à mon retour, deux beaux ponts sur lesquels le chemin de fer traverse le Nil, à Benah d'abord, puis à Zaïad. Rentré à Alexandrie, j'allai visiter le canal Mamouhdié, construit par Méhémet-Ali, et où périrent d'épuisement quatre-vingt mille malheureux fellahs! Il est, d'ailleurs, bordé aujourd'hui de jolies maisons de campagne, ombragées par de beaux acacias Leba, sous lesquels, les jours de fête surtout, circulent de nombreux équipages. C'est le rendez-vous de la société européenne; des dames, parfaitement mises, s'arrêtent avant de rentrer en ville, dans un beau jardin qu'un riche négociant de Marseille, M. Pastré, a cédé au viceroi d'Égypte, qui lui-même l'a très-gracieusement ouvert aux nombreux promeneurs qui le fréquentent. Une bonne musique s'y fait entendre, pendant toute l'après-midi, sous de frais ombrages où l'on pourrait se croire dans quelque grande ville d'Europe. Pour prolonger mon illusion, on m'annonça le soir qu'il y avait deux théâtres italiens.... J'allai y entendre successivement le *Trovatore* et le *Barbier de Séville*.... que j'étais déjà loin du désert, de la mer Rouge et des pyramides !

J'éprouve d'ailleurs le besoin, avant de me rembarquer pour l'Europe, de rendre un hommage bien mérité à la société européenne d'Alexandrie, à celle surtout que j'ai rencontrée chez le consul général de Hollande, M. Ruyssenaers, et chez MM. Galos et Gerardin ; cette société joint en effet, aux manières du meilleur monde, cette franchise, je dirai cette spontanéité dans les relations, qui vous donne, tout d'abord, droit de cité dans les plus aimables familles. D'autres ont peut-être vu différemment ; je les plains, car il n'y a pas de plus grand bonheur pour un voyageur, que de rencontrer, à cinq cents lieues de son pays, la bonne et loyale hospitalité, dont j'ai rapporté un si précieux souvenir de mon excursion aux bords du Nil.

Enfin ma fantasia en Égypte devait avoir un terme.... Je m'embarquai sur le beau steamer *le Saïd*, et après avoir été rudement secoué par les tempêtes qui, cet hiver, ont bouleversé presque toutes les mers de l'Europe, je rentrai en France.... qu'on revoit toujours avec bonheur et à laquelle on est fier d'appartenir, car partout elle brille d'un éclat qui illumine tous les horizons.... Partout, en Amérique comme en Europe, en Afrique comme en Asie, j'ai entendu proclamer hautement que la France est justement placée à la tête de la civilisation du monde, et par son génie industriel, scientifique et littéraire, et par ses armes, si redoutables sous le premier empire et si glorieusement protectrices du droit sous le règne de Napoléon III.

J'avais laissé en Égypte le plus beau soleil et la plus douce température, de seize à dix-huit degrés au-dessus de zéro; le thermomètre, à Marseille même, était au-dessous de glace et, au delà de Valence jusqu'à Lyon, toute la campagne était couverte de neige; mais sous ce grand manteau de blancs frimats battait le grand cœur de la France, qui fait battre, d'un saint amour, tous les cœurs de ses enfants.... Salut donc, ô ma belle patrie, sois toujours heureuse, puissante.... et juste!...

FIN.